**Sitzungsberichte der Heidelberger Akademie der Wissenschaften**

**Stiftung Heinrich Lanz**

Mathematisch- naturwissenschaftliche Klasse

*) *Jahrgang* 1921 *erschien im Verlage von Carl Winters Universitätsbuchhandlung in Heidelberg.*

*Im Verlag von Walter de Gruyter & Co. vormals G. J. Göschen'sche Verlagshandlung — J. Guttentag, Verlagsbuchhandlung — Georg Reimer — Karl J. Trübner — Veit & Comp., Berlin, erschienen:*

**Abteilung A. Mathematisch-physikalische Wissenschaften.**

Jahrg. 1922: 3 Hefte. — Jahrg. 1923: 5 Hefte. — Jahrg. 1924: 11 Hefte.

**Abteilung B. Biologische Wissenschaften.**

Jahrgang 1923: 1 Heft.

*Von Jahrgang* 1925 *ab findet die Trennung in Abteilung A und B nicht mehr statt.*

**Jahrgang 1925.** 1. Heffter, Lothar. Zur absoluten Geometrie II. Reichsm. 0.50
2. Roeser, Ernst. Die komplementären Figuren der nichteuklidischen Ebene. Reichsmark 0.50
3 Fladt, Kuno. Neuer Beweis f. d. Zuordnung von rechtwinkligem Dreieck und Spitzeck in der hyperbolischen Elementargeometrie. Reichsmark 0.30
4. Salomon, Wilhelm. Beobachtungen über Harnische. Reichsmark 0.70
5. Loewy, A. Beiträge zur Algebra. 1—4. Reichsmark 1.—
6. Hellpach, Willy. 2. Mitteilung zur Physiognomik der deutschen Volksstämme. Reichsmark 0.30
7. Loewy, Alfred. Neue elementare Begründung u. Erweiterung der Galoisschen Theorie Reichsmark 2.—
8. Curtius, Theodor, u. Bertho, Alfred Einwirkung von Stickstoffkohlenoxyd und von Stickstoffwasserstoffsäure unter Druck auf aromatische Kohlenwasserstoffe. Reichsmark 0.40
9. Roeser, Ernst. Die gnomonische Projektion in der hyperbolischen Geometrie. Reichsmark 0.70
10. Rasch, G. Über die Ausnützung der Gezeiten des Meeres zur Energiegewinnung. Reichsmark 0.80
11. Salomon, Wilhelm. Magnetische Hebungen. Reichsmark 1.20
12. Pütter, A. Altersbestimmungen an Drachenbäumen von Tenerife. Rm. 0.90
13. Volk, Otto. Über geodätische rhombische Kurvennetze auf krummen Flächen, insbesondere auf Flächen konstanter Krümmung. Reichsmark 1.10
14. Roeser, Ernst. Die Fundamentalkonstruktion der hyperbolischen Geometrie. Reichsmark 1.40
15 Rüger, L., u. Rüger-Haas, P. Palaeosemaeostoma geryonides v. Huene sp., eine sessile Meduse aus dem Dogger von Wehingen i. W., und Medusina liasica nov. sp., eine coronatenähnliche Meduse aus dem mittleren Lias von Hechingen i. Württemberg. Reichsmark 1.50

**Jahrgang 1926.** 1. Krull, Wolfgang. Theorie und Anwendung der verallgemeinerten Abelschen Gruppen. Reichsmark 1.70
2. Klebs, Georg. Über periodisch wachsende tropische Baumarten. Rm. 1.20
3. Müller, Max. Über die Oberfläche von Flächenstücken. Reichsmark 1.20
4 Ernst, Max. Über Anlagen von Organen, die nicht zur Ausbildung gelangen. Reichsmark 0.50
5 Ernst, Emil. Die optischen Eigenschaften des Andesins von Bodenmais. Reichsmark 1.10
6. Liepmann, Wilhelm. Leichengeburt bei Ichthyosauriern. Reichsmark 0.90
7. Klebs, Georg. Über die Längenperiode der Internodien. Reichsmark 2.40
8. Jost, L., u. v. Ubisch, G. Zur Windefrage. Reichsmark 0.80
9 Salomon, Wilhelm. Gibt es Gesteine, die für bestimmte Erdperioden charakteristisch sind? Reichsmark 0.30
10. Roeser, Ernst. Der reelle Übergang zwischen den beiden nichteuklidischen Geometrien und ihrem Parallelenbegriff. Reichsmark 1.20

*(Fortsetzung siehe 3 Umschlagseite)*

*) Bestellungen auf solche Veröffentlichungen der math,-naturw Klasse, welche früher im Verlag von Carl Winters Universitätsbuchhandlung in Heidelberg erschienen sind, nimmt auch der Verlag Walter de Gruyter & Co., Berlin, entgegen.

Sitzungsberichte
der Heidelberger Akademie der Wissenschaften
Mathematisch-naturwissenschaftliche Klasse
Jahrgang 1931. 1. Abhandlung

Beiträge zum Oberrheinischen Fossilkatalog Nr. 4

# Die Fauna der Kirchberger Schichten von Lohn am Randen

von

Max Pfannenstiel
Freiburg i. Br.

Vorgelegt von Wilhelm Salomon-Calvi
in der Sitzung vom 24. Januar 1931

Berlin und Leipzig 1931
Walter de Gruyter & Co.
vormals G. J. Göschen'sche Verlagshandlung / J. Guttentag, Verlagsbuchhandlung / Georg Reimer / Karl J. Trübner / Veit & Comp.

Druck von Walter de Gruyter & Co., Berlin W. 10

Bei der geologischen Aufnahme des badischen Blattes 1:25000 Hilzingen Nr. 146 (= schweizer. Blatt 1:25000 Opfertshofen Nr. 44) fand Herr Dr. LUDWIG ERB in den Gewannen Neubruch, Rüttenen und Gaßäcker unmittelbar nördlich von Lohn miozäne Kirchberger Schichten mit einer reichen Brackwasser-Fauna.

Ich danke Herrn ERB für die liebenswürdige Überlassung des Materials zwecks Bestimmung und Beschreibung. Die stratigraphischen Verhältnisse schildert Herr ERB in den Erläuterungen zu dem genannten Blatt.

Die Ortschaft Lohn liegt im Ostzipfel des Randen im sog. Reyath des schweizerischen Kantons Schaffhausen in unmittelbarer Nähe der Ländergrenze. Die miozänen Schichten sind in mehreren Gruben gut aufgeschlossen, da die feinen Sande schon seit Jahrhunderten in Ziegeleien verwertet wurden. Trotz des intensiven Abbaues wurden bisher mit Ausnahme von unbestimmbarem Pflanzenhäcksel keine Fossilien gefunden. Um so wichtiger und erfreulicher sind deshalb die Funde von Herrn ERB.

Die flächenhafte Ausdehnung der Lohner Feinsande beträgt $^1/_2$ qkm bei einer größten sichtbaren Mächtigkeit von 6 m.

SCHALCH (1914 S. 732) gibt an, daß bei einer Bohrung gelegentlich der Kartierung des Blattes eine Mächtigkeit von 9 m festgestellt wurde, und daß das Liegende der Schichten in allen Aufschlüssen der weiße Jura (Massenkalk, oberer Malm Epsilon) ist.

Nach den Beobachtungen von ERB ist die Malmoberfläche großhöckerig: größere Buckel und Vertiefungen wechseln rasch miteinander ab. Im südlichen Teil des Vorkommens der Kirchberger Schichten, nahe dem Dorfe Lohn schieben sich Graupensande zwischen den Massenkalk und die Kirchberger Schichten. An einigen Stellen trägt der Malm noch eozäne Bohnerzlehme, so daß auch diese die Unterlage der Lohner Feinsande bilden können.

Es liegt also eine flachwinklige Transgressionsdiskordanz der helvetischen Brackwasserschichten vor, genau wie es der Fall ist im benachbarten Büttenhardt, wo die Kirchberger Schichten teils auf

Graupensanden, teils unmittelbar auf Malm liegen. (Siehe SCHALCH 1881, Bd. 2, S. 64 u. 73.)

Das Hangende der Lohner Feinsande ist die Juranagelfluh, welche am Ostende des Vorkommens sichtbar ist.

Während SCHALCH 1881 die Büttenhardter Miozänschichten der reichlichen Fossilführung an Dreißensien und Cardien gleich als Äquivalente der Kirchberger Schichten ansah, konnte er die Lohner Feinsande mangels Fossilien nicht richtig stratigraphisch einordnen. Er stellt sie (1881 S. 44 u. 63) zu den »marinen Sanden mit Geröllen«, Haifischzähnen und Austernsplittern, die man heute zu den vindobonischen Graupensanden rechnet und die, wie vorher gesagt wurde, stellenweise das Liegende bilden können. Im Jahre 1914 (S. 731 ff.) will SCHALCH die Lohner Sande mit der oberen oder unteren Süßwassermolasse parallelisieren, ist sich aber bewußt, daß mangels »maßgebender Fossilien« die stratigraphische Einordnung noch unsicher ist. In den Erläuterungen zu Blatt Wiechs-Schaffhausen (Nr. 145) entscheidet sich SCHALCH (1916 S. 90), die »gleichmäßig-feinkörnigen geröllfreien Glimmersande« als obere Süßwassermolasse anzusprechen, während sie DEECKE (1917, S. 495/96 Fig. 74) als obere Molasse, und neuerdings J. HÜBSCHER (1927/28) als untere Süßwassermolasse ansieht.

SCHALCH war also mit seiner ersten Annahme der Wahrheit am nächsten, denn die Graupensande, für die man seine »marinen Sande mit Geröllen« nach den Untersuchungen von MOOS (1925) und KIDERLEN (1928) halten muß, sind ganz eng mit den Kirchberger Schichten verknüpft, sowohl räumlich wie dem Alter nach.

Die Funde von Herrn Dr. ERB machen der Unsicherheit in der stratigraphischen Einordnung der Lohner Feinsande ein Ende, denn sie beweisen, daß es sich um Kirchberger Schichten handelt (unteres Vindobonum = Helveticum).

Es ist nicht meine Absicht, auf die stratigraphischen Verhältnisse und die geographische Verbreitung der Kirchberger Schichten näher einzugehen, da dies in ausführlicher Weise von MOOS (1925) und KIDERLEN (1928) geschehen ist. Es soll nur kurz die Brackwasserfauna von Lohn beschrieben werden.

Die Fossilien entstammen der Lehmgrube links der Straße Lohn—Opfertshofen, 125 m nördlich »G« der Bezeichnung Gaßäcker auf Blatt Hilzingen. Es sind 6 m Feinsande erschlossen, ohne daß die Malmunterlage, welche mit Höckern in die Sande hineinreicht, überall aufgedeckt ist. Nahe der Basis des Bruches finden sich brotlaibförmige Knauer, welche einer horizontalen Lage entstammen. Im Hangenden und Liegenden fand eine vollständige Entkalkung statt, so daß die Knauer die Lösungsreste einer Kalksandsteinbank sind. Auch die Gesamtheit der Lohner Feinsande unterlag einer vollständigen Entkarbonatisierung.

Petrographisch sind die Knauer und Sande ausgezeichnet durch Quarze und weiße Glimmerschüppchen; eine feine Schichtung ist bemerkbar bedingt durch einen geringen Wechsel in der Korngröße und deutlich gemacht durch verschiedene Farben gelb, braun, hellbläulich-grün und bläulich-grau und ferner durch dünne Kohlebändchen.

Die Fossilien fanden sich als Steinkerne nur in den Knauern, welche ungemein schwer zu zertrümmern waren. Indessen sind Abdruck und Steinkern der Muscheln durch die Feinheit des Materials außerordentlich gut geprägt, so daß die Bestimmung keine Schwierigkeit bot.

Es fanden sich in den Kirchberger Schichten von Lohn die Steinkerne und Abdrücke von:

1. *Oncophora Partschi* var. *socialis* (Rzehak) Mayer.
2. *Oncophora Partschi* var. *Gümbeli* (Hoernes) Mayer.
3. *Siliqua alemannica* nov. sp.
4. *Siliqua* sp.
5. *Dreissensia clavaeformis* Krauss.
6. *Dreissensia* sp. (große Form: cf. *subcarinata* Desh.).
7. *Dreissensia* sp. (schmale Form: cf. *Basteroti* M. Hoernes).
8. *Cardium reconditum* Mayer.
9. *Cardium* sp. (große Form: cf. *edule* Hoernes).
10. *Cardium* sp.
11. Muschelbruchstücke ind.
12. Pflanzenabdrücke, meistens unbestimmbar. (Blätter von *Rhamnus* sp. [*Gaudini* Heer ?]; *Acer* sp.; und *Typha* sp.)

Im folgenden die paläontologische Beschreibung:

### *Oncophora Partschi* var. *socialis* (Rzehak) Mayer und *Oncophora Partschi* var. *Gümbeli* (Hoernes) Mayer.

Diese in zwei Variationen, unterscheidbar durch ihre Größe, in Lohn und sonstigen Orten vorkommende sonderbare Muschelart ist seit 1852 bekannt; das westliche Vorkommen war bisher die Umgebung von Kirchberg a. d. Iller und neuerdings nach einer brieflichen Mitteilung von Herrn Dr. KIDERLEN auch die Gegend östlich Meßkirch in Baden. Es war ungemein reizvoll, die Geschichte und Beurteilung dieser Muschel in der paläontologisch-stratigraphischen Literatur zu verfolgen. Daß die *Oncophora Partschi* in den letzten Jahrzehnten oft Interesse erweckte, bezeugt die folgende Synonymaliste mit erklärendem Text.

1852 »Eigentümliche Meeresmuschel.« Eine klare Beschreibung ohne Abbildung und ohne Namengebung in: KRAUSS, FERD. Die Mollusken der Tertiärformation von Kirchberg a. d. Iller. Wttbg. naturw. Jahreshefte. 8. Jgg. 1852. S. 157.

1868 *Venerupis Gümbeli* HOERNES. »Diese neue Art« wurde wahrscheinlich brieflich von HOERNES benannt. Zitiert in: VON GÜMBEL: Geogn. Beschreibung der ostbayer. Grenzgeb. 1868. S. 785. Sie ist aber nicht abgebildet und kaum beschrieben.

1870 *Tapes Partschii* MAYER. Erwähnung, ohne Abbildung in: SANDBERGER, FR. Land- und Süßwasser-Conchylien der Vorwelt. S. 562. Wahrscheinlich eine briefliche Mitteilung mit Namengebung von C. MAYER an SANDBERGER.

1870 *Saxicava dubiosa* HOERN. Foss. Mollusken Tertiär-Becken von Wien. Abh. der K. K. geolog. Reichsanstalt. Band IV S. 27. Taf. 3 Fig. 5.

1871 *Tapes Partschi* MAYER. Erste Erwähnung dieses Namens in: PROBST, Foss. Meeres- und Brackwasserconchylien aus der Gegend von Biberach. Jahresheft vaterl. Naturkunde Württbg. Jgg. 27. 1871. S. 11.

1876 *Tapes Partschi* MAYER. MAYER, C.: Descript. Coquilles foss. terrain tert. sup. Journal de Conchyologie Sér. 3. Tome 24. S. 178. Taf. 7 Fig. 6. Erste Abbildung und Beschreibung.

1879 *Tapes Partschi* MAYER. Fossil-Liste in: PROBST, J., Verzeichnis der Fauna und Flora der Molasse in württemberg. Oberschwaben. Jahreshefte des Ver. für vaterl. Naturkunde in Wttbg. Jahrgang 35. 1879. S. 221.

1882 *Oncophora socialis* RZEHAK. Schaffung des neuen Genus. Beschreibung, keine Abbildung in: RZEHAK: *Oncophora*, ein neues Bivalven-Genus aus dem mährischen Tertiär. Verh. K. K. geol. Reichsanst. Wien 1882. S. 41.

1882 *Oncophora socialis* RZEHAK. Beschreibung und Abbildung in: RZEHAK: Beiträge zur Kenntnis der Tertiärformation im außeralpinen Wiener Becken. I. Grunder Horizont in Mähren. Verh. naturf. Ver. Brünn. Bd. 21. 1882. S. 39. Taf. 1 Fig. I a—d.

1883 *Oncophora socialis* ist ident mit *Tapes Partschi* und ist eine Untergattung von *Tapes*. SANDBERGER, F.: Kirchberger Schichten in Österreich. Verh. K. K. geol. Reichsanstalt. 1883. S. 208.

1885 LOMNICKI schickt SANDBERGER aus einigen Orten Galiziens

Oncophoren, welche »scheinbar eine neue Art« sind. SANDBERGER gibt aber keine neuen Namen und bildet auch nichts ab. In SANDBERGER, FR.: Weitere Mitteilungen über tertiäre Süß- und Brackwasserbildungen aus Galizien. Verh. K. K. geol. Reichsanstalt. Wien 1885. S. 75.

1886 *Oncophora gregaria* LOMNICKI: »Steht der *Oncophora socialis* RZK. am nächsten, von der sie sich vorzüglich durch geringere Größe (Länge 2 cm, Breite 1,2 cm, Dicke 0,6 cm) und verhältnismäßig größeren Längendurchmesser unterscheidet. Diese im Buczaczer Brackwassersande sehr häufige Form spielt hier dieselbe Rolle wie *O. socialis* in den mährischen Kirchberger Schichten.« Soweit LOMNICKI in: Die tertiäre Süßwasserbildung in Ostgalizien. Verh. K. K. geol. Reichsanstalt. 1886. S. 427. Eine Abbildung dieser »neuen Art« fehlt hier. Eine ausführliche, leider polnische Beschreibung und gute Abbildung findet man S. 97 und Taf. 3, Fig. 62 in: LOMNICKI, A. M.: Ber. phys. Commiss. Krakau, Band 20. Siehe Näheres unten: Slodwodny usw. Der Abbildung nach ist die podolische Form viel länger und schlanker als die mehr gedrungenen Formen von Lohn. Indessen liegen mir von Kirchberg auch schlanke Schalen vor, welche Zwischenglieder zwischen *Onc. gregaria* und *Onc. Partschi* sind. Es ist kein Zweifel, daß die *Onc. gregaria* eine kleine, wieder etwas andere Varietät der größeren *Onc. Partschi* ist, daß man es also nur mit der *Onc. Partschi* var. *Gümbeli* zu tun hat. Die Speziesbezeichnung »*gregaria*« muß also fallen. Die auf derselben Seite kurz beschriebene, aber nicht abgebildete:

1886 *Oncophora minima* LOMNICKI von 6 mm Länge, 3,5 mm Breite und 2,5 mm Dicke scheint eine Jugendform der *Oncophora Partschi* zu sein. Ähnlich äußert sich BITTNER. Die *Onc. minima* ist abgebildet in: LOMNICKI, A. M.: Slowdodny útwór na Podolu galicyjskiem (Die tertiäre Süßwasserbildung in Galizisch-Podolien). Berichte der phys. Commission in Krakau. 1886. Bd. 20. S. 92 der zweiten Seitenzählung. Taf. III Fig. 58, a, b.

1887 *Oncophora socialis* ist ident mit *Tapes Partschi*, ist gleich *Venerupis Gümbeli* M. HOERNES. GÜMBEL: Miocäne Ablagerungen im oberen Donaugebiet und Stellung des Schliers von Ottnang. Sitzungsberichte der math.-phys. Klasse k. bayer. Akad. d. Wissensch. München Bd. 17. 1887. S. 243 und 280.

1888 *Oncophora Partschi* var. *Gümbeli*, HOERNES.

Beschreibung der großen Form *Onc. Partschi* und Abbildung Fig. 22—23. Beschreibung der kleinen Form und Bezeichnung var. *Gümbeli.* Abb. 24—28 in: Ammon, L. von: Fauna brackischer Tertiärschichten in Niederbayern. Geolog. Jahreshefte 1. S. 14.

1891 *Oncophora Partschi* var. *Gümbeli* wird als kleinere Varietät der *Onc. Partschi* = *Onc. socialis* Rzh. von F. E. Suess anerkannt, in: Beobachtungen über den Schlier in Oberösterreich und Bayern. Annalen des k. k. naturh. Hofmuseums, Wien. Bd. 6. 1891. S. 407/411/420.

1892 *Oncophora socialis* Rzehak, neue Fundorte in Mähren; tschechischer Text, deutsche Zusammenfassung, in: Procházka, Vlad. Jos.: Zur Stratigraphie der Oncophoren-Sande der Umgebung von Jvančic und Oslawan in Mähren. Sitzungsbericht der k. böhmischen Gesellsch. der Wi. Math.-nat. Klasse, Prag 1892, S. 450

1892 *Oncophora socialis* nicht ident mit *Oncophora Partschi*: Es ist möglich, daß das Genus *Onc.* zwei verschiedene Spezies besitzt. Die abgebildete *Oncophora socialis* var. *elongata* ist wie die *Onc. gregaria* Lomnicki eine neue Modifikation und mit der mährischen Form ident. In Rzehak, A.: Fauna der Oncophora-Schichten Mährens. Verh. naturf. Verein in Brünn. 1892. Bd. 31. Taf. 1. Fig. 9.

1893 „*Oncophora dubiosa* Hoernes = *Venerupis Gümbeli* = *Tapes Partschi* = *Oncophora Partschi* = *Oncophora Partschi* var. *Gümbeli*“ excluso synon. *Onc. socialis* Rzh. Daneben: *Oncophora socialis* Rzeh. ist eine selbständige Art. Bittner begeht in dieser Synonymliste einen großen Fehler, indem er die Arbeit von Hoernes mit einer elf Jahre niedereren Jahreszahl versieht (statt 1870 — das Jahr 1859), so daß die tatsächlich ältere Bezeichnung *Venerupis Gümbeli* (1868) um neun Jahre jünger erscheint, anstatt zwei Jahre Priorität zu haben. Der Name *Oncophora dubiosa* Hoernes muß also einbezogen werden; in diesem Punkte war Rzehak in der fürchterlichen Polemik mit Bittner im Recht. (Siehe folgenden Literaturhinweis 1893, 2.) In: Bittner, A.: Über die Gattung *Oncophora.* Verh. der k. k. geol. Reichsanstalt 1893. S. 141.

1893 „Jede dieser Ablagerungen ist durch eine Art von *Oncophora* charakterisiert: In Galizien tritt *Onc. gregaria* Lomnicki (neben *Onc. minima* Lomnicki, die vielleicht nur auf Jugendformen gegründet ist), in Mähren *Oncophora socialis* Rzk., im oberen Donaugebiet endlich *Onc. Partschi* Mayer auf.“ Rzehak erkennt die *Oncophora Partschi* als eine zweite Art neben *Onc. socialis* an und lehnt die Bezeichnung *Onc. dubiosa* ab. Er erkennt an, daß der Priorität nach die *Onc.*

*Partschi* eigentlich *Onc. Gümbeli* M. HOERNES heißen müßte; in: RHEZAK, A.: Zur Stellung der Oncophora-Schichten im Miocän des Wiener Beckens. Verh. naturf. Verein, Brünn. Band 32. S. 259.

1894 *Oncophora socialis* = *Tapes Partschi* = *Venerupis Gümbeli* HOERNES, in: GÜMBEL, C. W.: Geologie von Bayern. Bd. 2, Kassel, Fischer. 1894. S. 377 und 289.

1895 RZEHAK beschreibt von Groß-Seelowitz in Mähren eine von *Oncophora socialis* stark abweichende Form, die er als neue Art hinstellt, sie aber nicht benennt oder gar abbildet. Auch in Austerlitz tritt eine neue Form auf, welche nur erwähnt wird. Beide Formen seien mit keiner bis 1895 beschriebenen *Oncophora* zu vergleichen; in: RZEHAK, A.: Über ein neues Vorkommen von Oncophora-Schichten in Mähren. Verh. der k. k. geolog. Reichsanstalt Wien 1895. S. 334.

1896 BITTNER führt von Niederösterreich wiederum abweichende Formen von den bekannten Oncophoren auf; in: BITTNER, A.: Über das Auftreten von Oncophora-Schichten bei St. Pölten und Traismauer in Niederösterreich. Verh. der k. k. geol. Reichsanstalt. Wien, 1896. S. 323.

1903 ABEL erkennt die zwei Arten von Oncophoren an: 1. *Onc. socialis* und 2. *Onc. dubiosa* M. HOERNES (= *Saxicava dubiosa* M. HOERNES = *Venerupis Gümbeli* M. HOERNES = *Oncophora Partschi*), ferner eine gute Zusammenstellung der Literatur in: ABEL, OTHENIO: Studien in den Tertiärbildungen des Tullner Beckens. Jahrbuch der k. k. geol. Reichsanstalt Bd. 53. 1903. S. 118. Abschnitt 5. Die Oncophora-Schichten.

1904 *Oncophora Partschi* MAYER = *Onc. socialis* RZEHAK. Nach AMMON 1888 die erste nach den internationalen Regeln richtige Bezeichnung der Spezies, in: KRANZ, W.: Stratigraphie und Alter der Ablagerungen bei Unter- und Oberkirchberg, südlich Ulm a. D. Centralbl. für Min. geol. Pal. 1904. S. 481, 528, 545.

1908 ENGEL, TH. macht einen Unterschied zwischen *Oncophora Partschi* und *Onc. socialis*, in: ENGEL, TH.: Geognost. Wegweiser durch Württemberg. 3. Aufl. 1908. S. 531, 538. Fossillisten.

1915 *Oncophora Partschi* var. *Gümbeli* HOERNES.
Diese kleine Form der *Oncophora* ist ein Hinweis auf den ehemaligen Salzgehalt des Wassers. Brackwasser, in: KRAUS, ERNST: Geologie des Gebietes zwischen Ortenburg und Vilshofen in Niederbayern a. d. Donau. Geogn. Jahreshefte Jahrgang 28. 1915. S. 91. S. 121. Abschnitt 2. Die Fauna.

1920 Betonung der Tatsache, daß die mährischen, österreichischen, bayerischen, schwäbischen Oncophoren „etwas verschieden sein mögen"; es geht aus dem Text hervor, daß sie aber als Leitfossilien von Wert sind, wenngleich sie daneben auch Faziesfossilien sind. An den Sand gebunden, in: DIETRICH, W. O. und KAUTSKY, F.: Altersbeziehungen der schwäbischen und schweizer. oberen Meeresmolasse und des Tertiärs am Südrand der schwäb. Alb. Centralbl. für Min., Geol. und Pal. 1920, S. 240/248.

1922 HENNIG bestreitet, daß die *Oncophora* als Leitfossil dienen kann, und stützt sich darin auf eine Bemerkung von KRANZ, W. 1904, S. 555. Ich kann dieser Anschauung nicht beipflichten, kommt doch die *Oncophora*, wenn auch nur sporadisch, von Ostgalizien bis in den Kanton Schaffhausen vor; in: HENNIG, E.: Geologie von Württemberg, nebst Hohenzollern. Berlin. Bornträger 1922. S. 237.

1926 *Oncophora dubiosa* M. HOERNES. Die Bezeichnung für kleine Oncophoren aus Korneuburg, in: GLAESSNER, MARTIN: Neue Untersuchungen über die Grunder-Schichten bei Korneuburg. Verh. der geolog. Bundesanstalt 1926. S. 111. Fossilliste vom Teiritzberg S. 117.

Wie man aus der vorstehenden Synonymenliste ersieht, ist die *Oncophora Partschi* seit 60 Jahren in den miozänen Brackwasserschichten des unteren Vindobon unter verschiedenen Namen gesammelt worden. Sieht man die Unterschiede der „Arten" genauer an, dann zeigt es sich, daß sie alle geringfügig sind und keinen spezifischen Wert haben. Es bleibt als einziges wirklich bedeutendes und immer erkennbares diagnostisches Merkmal nur die Größe. Diese Eigenschaft verliert aber an Wert, wenn man bedenkt, daß die Muscheln in Brackwasser lebten, in welchem Variationen der Größe immer auftreten. Man denke nur an die Abnahme der Größe einzelner Muscheln und Schnecken in der Ostsee in der Richtung West—Ost, um eine Parallele zu haben. Es würde keinem Zoologen einfallen, die größere Nordseeform und die kleinere Ostseeform mit 2 verschiedenen Namen zu bezeichnen. Solches ist aber im vorliegenden Fall reichlich geschehen, und oft wurden „neue Arten" beschrieben, die aber, Gott sei Dank, weder benannt, noch abgebildet wurden. Es ist daher angebracht, daß die verschiedenen Artnamen eingezogen werden, und daß nach den internationalen Regeln der zoolog. Nomenklatur die Muschel den Namen *Oncophora Partschi* MAYER trägt.

Um aber auch den biologischen Verhältnissen gerecht zu werden und um alte eingebürgerte Namen zu erhalten, schlage ich vor, daß die große Form *Oncophora Partschi* var. *socialis* RZEHAK benannt wird, während die kleine Form den von AMMON 1888 eingeführten Namen *Oncophora Partschi* var. *Gümbeli*, HOERNES weiterführt. Es ist aber auch möglich, daß die kleine Art nur eine Jugendform der größeren darstellt.

Synonyma der großen Varietät sind den alten Bezeichnungen nach: *Tapes Partschi* MAYER und *Oncophora socialis* und *Oncophora socialis* var. *elongata.*

Synonyma der kleinen Varietät sind: *Venerupis Gümbeli* = *Saxicava dubiosa* = *Oncophora gregaria* = *Oncophora minima*(?) = *Oncophora Partschi* var. *Gümbeli.*

Es bleibt noch die Frage zu klären, warum und nach welchen Artikeln der internationalen zoologischen Nomenklatur diese *Oncophora* den Artnamen „*Partschi*" zu führen hat.

Die erste Bezeichnung „*Gümbeli*" kann nicht gebraucht werden, da die wichtigste Bedingung des Prioritätsgesetzes fehlt: die Form wurde damals weder beschrieben noch abgebildet (1868).

Es bleiben nur die Namen: *dubiosa* HOERNES und *Partschi* MAYER in Frage. Die erste Bezeichnung ist heute noch (1926) in Österreich gültig. Es läßt sich nicht mehr feststellen, welcher Name zuerst bestand. (Es handelt sich um einige Monate oder nur Wochen Unterschied.) Den „Ratschlägen zur Anwendung des Prioritätsgesetzes nach" hätte *dubiosa* den Vorzug, da die Abbildung und die kümmerliche Beschreibung der abgerollten kleinen Schalen von Grund schon 1870 erschien, während die gute Beschreibung und Darstellung von *Tapes Partschi* erst 1876 veröffentlicht wurde, obwohl dieser Name nach SANDBERGER und PROBST schon 1870 bekannt war. Die stark vergrößerte und deshalb täuschende „*Saxicava dubiosa* HOERNES" kann aber unmöglich als Urtypus hingestellt werden, dafür war das Material zu schlecht, und deshalb erhielt die Form auch den Namen „*dubiosa*". So halte ich es für besser, den unbedingt gleichaltrigen Namen *Partschi* zu gebrauchen, so daß der Name *dubiosa* eingezogen werden muß.

Es liegen mir von der **Fundstelle Lohn** 4 Steinkerne und Abdrücke von der großen Form: *Onc. Partschi* var. *socialis* vor. Die Länge beträgt 2,8 bis 3 cm, die Breite 1,9—2 cm. Die kleinere Varietät „*Gümbeli*" ist nur in 2 Exemplaren vertreten, deren Länge 2,0—2,1 cm bei einer Breite von 1,3—1,5 cm beträgt. Für beide Varietäten ist die Einkerbung des Steinkernes sehr charakteristisch.

Diese schräg nach unten ziehende, vor dem Wirbel gelegene Kerbe ist noch schwach auf dem Abdruck zu sehen. Die Schale hat also eine auch äußerlich sichtbare „Einfaltung“ nach innen gehabt. Mit Schale erhaltene Oncophoren von der klassischen Fundstelle Kirchberg (im Besitz des Geolog. Instit. Freiburg i. B.) zeigen eine solche schwache Einkerbung auf der Außenseite der Schale nicht, indessen ist sie auf dem Steinkern sehr deutlich. Auch diese Erscheinung scheint variabel zu sein und kann sogar ganz fehlen. Denn das Urstück zur *var. Gümbeli* wurde von Hoernes als *Saxicava* beschrieben, und es fehlt in der Diagnose jeder Hinweis auf die Einkerbung. Auch bei den Lohner Stücken wechselt die Stärke der Furchen von kurzen, breiten Gruben zu langen, schmalen Strichen.

Schließlich unterliegt der Umriß der Schale einer weiten Variation. Den Lohner Exemplaren zufolge ist die große *Oncophora* mehr dreieckig; die vordere Schalenhälfte ist breit und gerundet, während die hintere Hälfte mehr spitzbogig ist. Die kleine Abart ist mehr oval, eiförmig. Auf solche Gestaltänderung gründet sich die Aufstellung mehrerer „Arten“, wie sie in vorstehender Liste aufgezählt werden.

Über die Ausbildung des Schlosses kann nichts Bestimmtes gesagt werden, da es Steinkerne und Abdrücke sind. Die Mantellinie ist an einem Exemplar durchlaufend ohne Bucht, zu erkennen. Wegen der weiteren Beschreibung sei auf die vorzügliche Diagnose von Ammon 1888 verwiesen.

Schwierig ist immer noch die Frage, ob *Oncophora* eine selbständige Gattung oder eine Untergattung von *Tapes* ist, wie dies Sandberger wahrscheinlich gemacht hat. *Tapes* fehlt vor allem die Einkerbung, welche für *Oncophora* bestimmend ist. Eine einwandfreie Schloß-Analyse liegt bisher von *Oncophora* nicht vor; man spricht von 2 und 3 Zähnen in jeder Klappe und sieht auch dies als variabel an. An den Lohner Stücken läßt sich nichts beweisen.

Zum Schluß sei noch auf die Äußerungen von Kranz und Hennig hingewiesen, welche der Gattung *Oncophora* einen Wert als Leitfossil nicht zubilligen, im Gegensatz zu Rzehak und den österreichischen Kollegen. Ich kann dieser Meinung nicht zustimmen, denn *Oncophora* kommt in demselben Horizont von Polnisch-Podolien bis in unsere Heimat vor. Daß sie nur stellenweise, dann aber massenhaft auftritt, erklären Dietrich und Kautsky, F. (1920, S. 240/248). *Oncophora Partschi* ist an Sand gebunden, und fehlt in den tonig mergligen Schichten.

### *Siliqua alemannica nov. sp.*

Die an verschiedenen Arten arme Brackwasserfauna der Kirchberger Schichten wird durch diese Muschel um eine Spezies vermehrt. C. MAYER (1876 Taf. 7, Fig. 5, S. 179) beschrieb erstmalig eine *Siliqua suevica* aus Hüttisheim, welche aus der Sammlung PROBST stammte. Ziemlich häufig scheint diese kleine schwäbische Muschel nicht zu sein (Länge 2,7 und Breite 1,4 cm). In der Fossilliste von PROBST (1871, S. 111/12) wird sie noch als *Lutraria* (*Metabola*) *dubia* und *strangulata* C. MAYER aufgeführt. Eine weitere *Siliqua bavarica* (Autor?) wird aus dem oberen Aquitan von Oberbayern (ohne nähere Angaben) angeführt bei MAYER und GÜMBEL (1894, S. 278). Diese *Siliqua bavarica* muß als gestrichen gelten, da von jeher eine Beschreibung und Abbildung fehlte und heute die „Originale" nicht mehr auffindbar sind. Dasselbe gilt für die *Siliqua anguina* (Autor?) aus der Meeresmolasse von Mähringen. (GÜMBEL 1894, S. 280.)

Aus den eozänen Schichten des Pariser Beckens und der Umgebung von Bordeaux werden einige kleine Arten von *Siliqua* erwähnt (Länge 11 mm, Breite 5,5 mm) (COSSMANN und PEYROT 1914, S. 429). Diese kleinen Formen kommen zum Vergleich gar nicht in Frage.

Indessen beschreibt RZEHAK (1892 S. 154, Taf. 1, Fig. 2 u. 3) einzelne Bruchstücke von *Siliqua* aus den Kirchbergerschichten von Oslawan, Rakschitz bei Kromau und Austerlitz, wo sie mit *Oncophora Partschi* vorkommen.

Das erste Bruchstück weist die Schloßpartie und die starke für *Siliqua* charakteristische Innenleiste auf. Der Größe der Leiste nach könnte das Bruchstück auf eine Muschel von dem Umfang der Lohner Stücke hinweisen. Das zweite ist ein Steinkern von etwa 5 cm Länge und 2,5 cm Höhe und auch das dritte Exemplar ist ein Steinkern von 7—7,5 cm Länge und 3,5— 4 cm Höhe. Alle Stücke scheinen nach RZEHAK verschiedenen Arten anzugehören, welche er aber nicht benennt, da sie zu mangelhaft erhalten sind. Jedenfalls ist *Siliqua* in den Oncophora-Sanden Böhmens sehr selten.

Das beste Vergleichsmaterial sind rezente *Siliqua*-Arten, welche gut beschrieben und abgebildet sind in dem klassischen Werke von: MARTINI u. CHEMNITZ: Systematisches Conchylien-Cabinet. 1888, Band 11, Abt. 3, S. 56, Abschnitt „Genus: *Machaera* GOULD".

Die Gattung *Siliqua* wurde 1811 von MEGERLE VON MÜHLFELD

aufgestellt; die Etymologie des Wortes ist „Schote“, eine für die Gestalt der Muschel treffliche Bezeichnung. Synonyma der Gattung sind: *Leguminaria* (Schuhmacher 1817), *Solecurtoides* (C. des Moulins 1832), *Machaera* (Gould 1841), *Aulus* (Oken 1821, non 1815) und *Leguminum* Chemnitz. Nach Zittel (Handbuch I, 2 S. 120) und Fischer (Manuel de Conchyliologie: Fasc. 10, 11 S. 1109) gehört die Gattung *Siliqua* zu der Familie der Soleniden.

Beschreibung der *Siliqua alemannica nov. sp.*

Es liegen 5 Steinkerne und ein Abdruck dieser Art vom Fundorte Lohn vor. Die Schale ist länglich, schotenförmig; hinten und vorn gleichmäßig gewölbt. Der Wirbel befindet sich im vorderen Viertel der Schalenlänge und tritt kaum hervor. Da alles Steinkerne sind, kann über die Ausbildung des Schlosses nichts gesagt werden. Das Ligament ist äußerlich und liegt in kurzen schmalen Gruben, welche sich nach hinten in lange, breite Bandleisten fortsetzen. Die Wölbung der Klappen ist gering. Die Mantellinie ist relativ weit vom Rande entfernt. Eine Mantelbucht ist am Steinkern nicht sichtbar. Die Zuwachsstreifen sind fein und kaum sichtbar; die Schale muß sehr glatt und ohne Radialstreifen gewesen sein. Nach der Diagnose von Fischer (siehe oben) klaffen die Schalen am Hinterende zum Austritt des Siphos. Die flügelartig geöffneten, in der Schichtfläche liegenden Schalenpaare erlauben eine solche Feststellung nicht mit Sicherheit, während eine noch geschlossene, senkrecht zur Schichtung steckende kleinere Schale einen hinteren Spalt erkennen läßt. Siehe *Siliqua* sp.

Charakteristisch für *Siliqua* ist die vom Wirbel auf der Innenseite der Schale zum untern Rand ziehende Stützungsleiste, welche auf dem Steinkern als schmale, lange Furche auftritt. In mittlerer Schalenhöhe verflacht sich die Einkerbung. Auf dem Schalenabdruck erkennt man, daß die Leiste auch auf der Schalenaußenseite als Einfurchung verhanden war. Den Abbildungen Clessin's nach tritt dieses Merkmal außen nur an einigen, indessen nicht allen, rezenten Siliquen auf. Bei den Exemplaren von Lohn steht die Stützleiste nahezu senkrecht auf dem Schloßrande oder zieht ganz leicht nach hinten. Bei andern Arten ist die Leiste sehr deutlich nach vorn oder stark nach hinten gerichtet, bildet also mit dem Schloßrand einen stumpfen oder spitzen Winkel. Darin ist ein vortreffliches Unterscheidungsmerkmal der einzelnen Arten zu erblicken. Die von Rzehak (1892, Taf. 1 Fig. 3) abgebildete, unbenannte *Siliqua* weist eine deutlich nach vorn gerichtete Leiste auf, kann also nicht mit *Siliqua alemannica nov. spec.* ident sein; während die *Siliqua* der Abbildung 2 eine „auf dem Schloßrand nahezu normal“ stehende starke Leiste besitzt; da sie jedoch auf der Außenseite der Schale nicht sichtbar ist, was bei *Sil. alemannica* der Fall ist, kann auch diese mährische Form nicht mit der von Lohn gleich sein. Auch das große dritte mährische Exemplar besitzt nach der Beschreibung von RZEHAK eine deutlich nach vorn gerichtete Leiste. Die Länge von *Sil. alemannica* beträgt 5,6 cm, die Höhe 2,6 cm, die Dicke der beiden geschlossenen Schalen etwa 7—8 mm am Steinkern gemessen.

Zusammenfassend läßt sich sagen, daß die *Siliqua alemannica* tatsächlich eine neue Spezies ist; die eozänen Siliquien sind viel zu klein; dasselbe gilt für die gleichaltrige *Siliqua suevica* MAYER; während die mährischen Formen durch die nach vorn gerichtete Leiste und auch durch die Größe sich unterscheiden. Von den rezenten Siliquen hat *Siliqua subsulcata* SOWERBY und *Siliqua Nuttali* CONRAD am meisten Ähnlichkeit mit *Sil. alemannica.* Die Heimat der heutigen Siliquen sind Nordamerika, der Atlantische Ozean, die ostasiatischen Meere und die Küste des Pazifik längs Nordamerika. *Siliqua* kommt also im offenen Meer wie im Brackwasser vor.

### *Siliqua sp.* indet.

Außer *Siliqua alemannica nov. spec.* liegt von Lohn noch eine kleinere *Siliqua* vor: von 3,7 cm Länge, 2,3 cm Höhe und 1,1 cm Dicke der beiden geschlossenen Schalen. Die Muschel steckt senkrecht zu der Schichtfläche im Sande. Abgesehen von der geringen Größe und der bedeutenden Dicke ist die Leiste deutlich nach hinten gerichtet. Man hat es also sicher mit einer neuen Art zu tun, die ich indessen nicht benennen will, da der Steinkern mangelhaft ist und der Abdruck nur zur Hälfte vorliegt. Die Einkerbung im Steinkern ist eine natürliche Schwächefuge, an welcher die Form leicht auseinanderbricht, was hier geschehen ist. Obwohl beide Hälften noch vorhanden sind, möchte ich trotzdem nicht einen neuen Artnamen einführen, der nur auf einen lädierten Steinkern gegründet ist.

Es ist sehr wahrscheinlich, daß in Kirchberg früher Bruchstücke der *Siliqua alemannica* gesammelt wurden; frühere Autoren wie ESER (1848, S. 262) und KRAUSS (1895, S. 149) und andere sprechen nämlich einigemal von „*Anodonta* ähnlichen Muscheln“

und von „*Anodonta anatinoides* KLEIN“, welche vermutungsweise Bruchstücke großer Siliquen gewesen sein mögen.

Über die restlichen Fossilien von Lohn braucht nicht viel gesagt zu werden. Es sind die gewöhnlichen Arten, welche man in den Kirchberger Schichten unserer Heimat sammelt. Relativ reich vorhanden sind die Steinkerne und Abdrücke von

*Dreissensia clavaeformis* KRAUSS,

während die kleinere *Dreissensia amygdaloides* KR. fehlt. Ferner ist vorhanden eine ungewöhnlich große, breite, kiellose *Dreissensia* mit spitzem Wirbel als Steinkern und Abdruck. SANDBERGER erwähnt eine solche Form als „*nov. spec.*“ ohne Namengebung, Abbildung und Beschreibung aus demselben Horizont von Pfarrkirchen in der Umgebung von Passau (1875, S. 555). Am besten paßt die 3 cm lange und 2 cm breite *Dreissensia* zu *Dreissensia subcarinata* DESH., wenn sie nicht eine ungewöhnlich große *clavaeformis* ist, was bei diesen sehr wechselnden Formen der Fall sein kann.

Eine andere schmale, gleichgewölbte, lange Art könnte man als

cf. *Dreissensia Basteroti* HOERNES

ansprechen. Nach HOERNES 1870 S. 370 liegen solche Exemplare von Oberkirchberg und Grimmelfingen in der Züricher Sammlung. Dem Lohner Exemplar fehlt allerdings die Wirbelregion.

Von der Gattung *Cardium* liegen 3 Arten vor.

1. *Cardium reconditum* MAYER.

2. *Cardium* sp. (cf. *edule*),

eine große, 3 cm lange und breite Art mit 16—17 Radial-Rippen auf dem untern Teil des Steinkerns. Die Rippen sind schmal und die Zwischenräume breit. Der Größe und Gestalt und den Einzelheiten nach paßt diese Art am besten zu dem Steinkern eines *Cardium edule.* RZEHAK (1892, S. 164) beschreibt eine analoge Form aus den Oncophora-Schichten von Oslawan und meint wohl mit Recht, daß „die von M. HOERNES als *Cardium edule* bezeichnete Form wohl von dem lebenden zu trennen ist“.

Schließlich ist noch ein kleiner Cardiumsteinkern ohne weitere Skulpturen in Lohn gefunden worden. Doch ist dieser nichtssagende Rest unbestimmbar.

Ferner sind noch Muschelbruchstücke, gleichfalls unbestimmbar, zu erwähnen, welche allem Anschein nach mit keiner der oben beschriebenen Formen ident sind.

Pflanzenabdrücke sind in Menge vorhanden; aber die Blätter sind nur stückweise sichtbar, da die Knauer kaum in der Schichtung spalten. Man erkennt Reste von *Rhamnus* sp. (*Gaudini* HEER?), *Acer* sp. und eine breite *Typha* (*latifolia* HEER?). Diese *Typha*-Art und das *Rhamnus*-Blatt sind spiral eingerollt, was bei dicken Blättern vorkommt.

Vergleicht man die Gesamtheit der Fauna von Lohn mit der von Kirchberg, so fällt auf, daß Kirchberg ungemein reichhaltiger an verschiedenen Fossilien ist. Bei Lohn fehlen ganz die Schnecken, *Cardium sociale* KRAUSS und *Dreissensia amygdaloides*, von den Fischen ganz abgesehen. Kirchberg, hat noch ganz den Charakter einer Brackwasserfauna. Hingegen sind die Funde in Mähren wieder viel reichhaltiger als Kirchberg, und das kommt daher, daß in Mähren sich viel mehr rein marine Formen einstellen, ja sogar noch ein Cephalopode. Ohne auf die stratigraphischen Verhältnisse einzugehen, muss man nach der Fauna schließen, daß das Meer im Osten war und einen langen, immer brackischer werdenden Meeresarm nach Westen schickte, wie dies schon von Moos (1925, S. 237) geschildert wird. Nach KIDERLEN (1928, S. 601) sollen indessen „die brackischen Kirchberger Schichten eingeleitet durch einen Vorstoß des Meeres von SW her" sein, was durch die Fauna nicht bestätigt wird. Doch muß man auf die näheren Ausführungen Kiderlens warten, um ein genaueres Bild zu erhalten. Nach einer brieflichen Mitteilung von Herrn Dr. KIDERLEN scheint dieser Autor nunmehr der Auffassung von Moos zuzustimmen.

## Zusammenfassung.

Die Feinsande von Lohn im Kanton Schaffhausen sind als Kirchberger Schichten zu deuten, nachdem sie früher mangels Fossilien als marine Sande, als obere und untere Süßwassermolasse gedeutet wurden. Die von ERB gefundenen Fossilien bestimmen das angegebene Alter. Wichtig ist das Auftreten der *Oncophora Partschi* MAYER; diese Muschelart tritt in zwei Varietäten im miozänen Brackwasser des Alpenvorlandes bis nach Böhmen und Galizien auf. Die große Form wird *var. socialis* RZEHAK genannt; die kleine: *var. Gümbeli* HOERNES. Eine neue Art ist die *Siliqua alemannica* PFANNENSTIEL. Aus der Gesamtheit der Tierwelt der Kirchberger Schichten muß man schließen, daß das Meer im Osten lag und, daß die durch das Brackwasser immer ärmer an Arten werdende Fauna nach Westen einwanderte.

## Literaturverzeichnis.

1848 Eser. Das Petrefaktenlager bei Ober- und Unter-Kirchberg an der Iller im Oberamt Laupheim. Wttg. naturwissensch. Jahreshefte. Jahrg. 4. 1848. S. 262.

1852 Krauss, Ferd. Die Mollusken der Tertiär-Formation von Kirchberg a. d. Iller. Württbg. naturwissenschaftl. Jahreshefte. Jahrgang 8. Stuttgart 1852. S. 149.

1871 Probst, J. Fossile Meeres- und Brackwasser-Conchylien aus der Gegend von Biberach. Jahreshefte des Vereins für vaterländ. Naturkunde in Württemberg. 1871. Jg. 27. S. 111/112.

1876 Mayer, C. Description de Coquilles fossiles des terrains tertiaires supérieurs (suite). Journal de Conchyologie. Sér. 3. Jahr 1876, der ganzen Reihe Tome 24. S. 168. S. 179. Taf. VII Fig. 7.

1879 Probst, J. Verzeichnis der Fauna und Flora der Molasse im Württembergischen Oberschwaben. Jahreshefte des Vereins für vaterländ. Naturkunde in Württemberg. Jahrgang 35. 1879. S. 221. S. 257.

1881 Schalch, F. Über einige Tertiärbildungen der Umgebung von Schaffhausen. Neues Jahrbuch f. Min., Geol. und Pal. Jahrgang 1881. Bd. 2. S. 42. Besonders Abschnitt 2. Die Brackwasserbildung oder die Schichten der *Dreissensia clavaeformis*. S. 64 und 73.

1881—1885 Zittel, K. A. Handbuch der Palaeontologie. I. 2. Bd. Mollusca und Arthropoda. München: Oldenburg. 1881—1885. S. 120.

1892 Procházka, Vlad. Jos. Zur Stratigraphie der Oncophoren-Sande der Umgebung von Ivančic und Oslavan in Mähren. Sitzungsber. der k. böhmisch. Gesellschaft der Wissensch. Math.-nat. Klasse. 1892. S. 450.

1892 Rzehak, A. Die Fauna der Oncophora-Schichten Mährens. Verhl. des naturforsch. Vereins in Brünn. Bd. 31. 1892. Brünn 1893. S. 142. S. 154.

1894 Gümbel, C. W. Geologie von Bayern. Bd. 2. Geolog. Beschreibung von Bayern. Kassel. Fischer. 1894. S. 278.

1914 Cossmann & Peyrot. Conchyologie néogénique de l'Aquitaine, tome II. Pélécypodes (fin et supplément). Actes de la Société Linnéenne de Bordeaux. Tome 64. 1914. S. 429. Taf. 23. Fig. 42—43 und Taf. 24. Fig. 18—19.

1914 Schalch, F. Das Tertiärgebirge auf dem Reyath, Kanton Schaffhausen. Mitteil. der gr. bad. geolog. Landesanstalt. Band VII. Heidelberg. 1914. S. 701.

1916 Schalch, F. Erl. zu Blatt Wiechs-Schaffhausen. Nr. 145 der bad. geol. Spez.-Karte 1 : 25 000.

1917 Deecke, W. Geologie von Baden. Band 2. Berlin, Bornträger. 1917. S. 495 ff. und Fig. 74.

1920 Dietrich, W. O. u. Kautsky, F. Die Altersbeziehungen der schwäbischen und schweizerischen oberen Meeresmolasse und des Tertiärs am Südrand der Schwäbischen Alb. Centralblatt für Mineralogie, Geologie und Paläontologie. Jahrgang 1920. S. 243.

1924 Moos, August. Beiträge zur Geologie des Tertiärs im Gebiet zwischen Ulm a. D. und Donauwörth. Geogn. Jahreshefte. Jahrgang 37. 1924. S. 167. Abschnitt 5. Die Kirchberger Schichten. S. 227.

1927/28 HÜBSCHER, J. Neuere geologische Beobachtungen in der Umgebung des Rheinfalls. Mitt. d. Naturf. Gesellschaft Schaffhausen. Heft VII. 1927/28.

1928 KIDERLEN, H. Zur Kenntnis der süddeutschen Molasse. Centralblatt für Mineralogie, Geologie und Paläontologie. 1928. Abt. B. S. 601.

Tafel I.

1

2

3

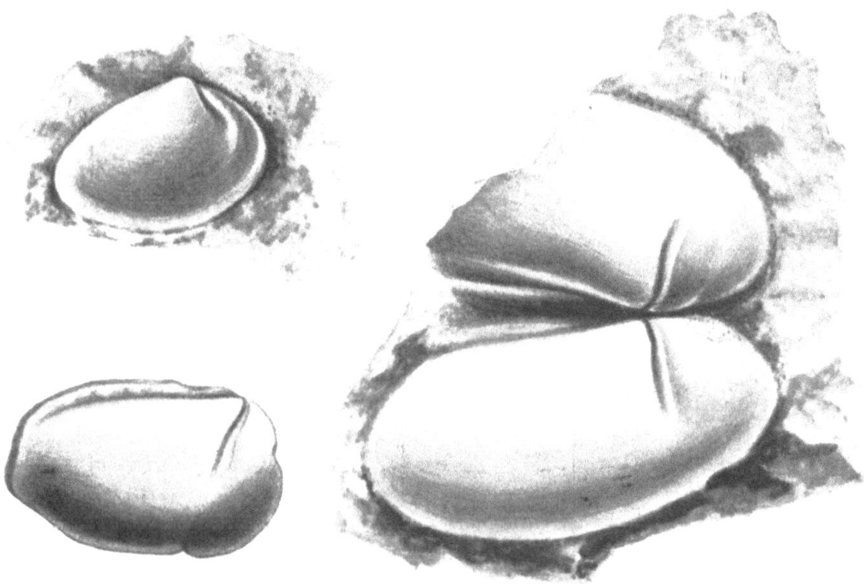

Fig. 1. *Oncophora Partschi* var. *socialis* (RZEHAK) MAYER, nat. Gr. Steinkern.
Fig. 2. *Siliqua alemannica* PFANNENSTIEL, nat. Gr. Steinkern.
Fig. 3. *Siliqua sp.*, nat. Gr. Steinkern.

Alle Fossilien stammen aus den brackischen miozänen Kirchberger Schichten (Helvetische Stufe = unteres Vindobon) von Lohn auf dem Randen [Kanton Schaffhausen, Schweiz]. Die beschriebenen und abgebildeten Muscheln befinden sich in der „bad. Sammlung" des geolog. Institutes der Univ. Freiburg Br.

11. SALOMON, WILHELM. Kugelförmige Absonderung. Reichsmark 0.80
12. SALOMON. Felsenmeere und Blockstreuungen. Reichsmark 0.80
13. SALOMON. Die Gruppendefinitionen in der Paläontologie. Reichsmark 0:90

**Jahrgang 1927.** 1. LOEWY, ALFRED. Neue elementare Begründung und Erweiterung der Galoisschen Theorie. Reichsmark 1.60
2. LIEBMANN, HEINRICH. Rhombische Geradennetze im Raum. Reichsmark 1 —
3. VOLK, OTTO. Über geodätische Dreiecknetze auf Flächen konstanten Krümmungsmaßes. Reichsmark 1.80
4. PÜTTER. A. Chemische Reizwirkung und Giftwirkung. Mit einem mathematischen Anhang: Ein Diffusionsproblem von E. TREFFTZ. Reichsmark 2.40
5. REMBS, EDUARD. Die Verbiegung des verlängerten Rotationsellipsoids. Reichsmark 1.60
6. MAYER, ADOLF. Naturwissenschaftliche Ästhetik. Reichsmark 0.90
7. MAYER, ADOLF. Naturwissenschaftliche Volkswirtschaftslehre. Reichsm. 0.80
8. BAER, R., KAPFERER, H., KRULL, W., SCHMIDT, F. K. Beiträge zur Algebra Nr. 5—10. Reichsmark 6.20
9. MÜLLER, MAX. Über die Eindeutigkeit der Integrale eines Systems gewöhnlicher Differentialgleichungen und die Konvergenz einer Gattung von Verfahren zur Approximation dieser Integrale. Reichsmark 2.50
10 FREUDENBERG, KARL. Intramolekulare Umlagerung optisch-aktiver Systeme. Reichsmark 1.—
11 ROESER, ERNST. Abbildung der hyperbolischen Ebene auf die Kugel mittels der Beziehung zwischen Lot und Parallelwinkel. Reichsmark 1 —
12 RÜGER, L. Die direkte gebirgsgetreue Übertragung der auf dem Universaldrehtisch gewonnenen Messungsergebnisse gebirgsorientierter Schliffe in das Diagramm. Reichsmark 1.20
13 JOST, L. Elektrische Potentialdifferenzen an der Einzelzelle Reichsmark 1.90

**Jahrgang 1928.** 1. RÜGER, L. Einige Bemerkungen zur Darstellung tektonischer Elemente, insbesondere von Klüften und Harnischen Reichsm. 1.20
2 HERBST, CURT. Untersuchungen zur Bestimmung des Geschlechts. Ein neuer Weg zur Lösung des Geschlechtsbestimmungsproblems bei Bonellia viridis. Reichsmark 1.50
3 MERTON, HUGO. Untersuchungen über die Entstehung amöbenähnlicher Zellen aus absterbenden Infusorien. Reichsmark 2.20
4 BAER, REINHOLD. Zur Einordnung der Theorie der Mischgruppen in die Gruppentheorie. Reichsmark 2.20
5 BAER, REINHOLD. Über die Zerlegungen einer Mischgruppe nach einer Untermischgruppe. Reichsmark 1.50
6. ROESER, ERNST. Komplementäre Körper der beiden nichteuklidischen Geometrien. Reichsmark 1.—
7. KRULL, WOLFGANG. Primidealketten in allgemeinen Ringbereichen. Rm. 1.10
8 SALOMON, WILHELM. Geol. Beobachtungen des Leonardo da Vinci. Rm. 0.90
9 LIEBMANN, HEINRICH. Die Sätze von Lie und Gambier über Kurven eines Linienkomplexes. Reichsmark 0.90
10 MERZ, K. W. Über den Wirkungsantagonismus von Blutkörperchen und Serum bei chemisch faßbaren biologischen Vorgängen. Reichsmark 1.20
11. MÜHLBACH, R. Über Raumkurven in der Möbiusschen Geometrie. Rm. 1.20
12 ERNST, PAUL. Wurzeln der Medizin. Reichsmark 1.50
13 MAYER, ADOLF. Naturwissenschaftliche Apologetik des Christentums. Rm. 1.60
14 BAER, REINHOLD. Beiträge zur Galoisschen Theorie. Reichsmark 1.80
15. SALOMON, WILHELM. Neue geologische Beobachtungen im Baitonegebiet des Adamello. Reichsmark 0.90
16 ERDMANNSDÖRFFER, O. H. Über Disthen-Andalusitparagenesen. Rm. 1.20
17. SCHNEIDT, MAX. Kurvennetze ohne Umwege. Reichsmark 1.30
18 BOPP, K. J. H. Lamberts und A. G. Kaestners Briefe, aus den Gothaer Manuskripten herausgegeben. Reichsmark 2.20
19 FREUDENBERG, K. Zur Kenntnis des Fichtenholz-Lignins. Reichsmark 1.10

**Jahrgang 1929.** 1. VOLK, OTTO. Über Flächen mit geodätischen Dreiecksnetzen. Reichsmark 2.50
2. SCHMIDT, F. K., KRULL, W., BREUER, S. Beiträge zur Algebra. Nr. 11—13. Reichsmark 1.80
3. HIEBER, W., Zur Kenntnis der chemischen Reaktionen des Eisencarbonyls. Reichsmark 0.90

4. SALOMON, WILHELM. Gletscherbeobachtungen am Vadret Lischanna (Unterengadin). Reichsmark 1.—
5. SALOMON, WILHELM. Arktische Bodenformen in den Alpen. Reichsm. 2.50
6. MÜLLER, MAX. Über die Greensche Funktion des Laplaceschen Differentialausdruckes. Reichsmark 1.50
7. RÜGER, L. Machairodus latidens Owen aus den altdiluvialen Sanden von Mauer a. d. Elsenz. Reichsmark 0.90
8. LENARD, P. Über Energie und Gravitation. Reichsmark 1.90
9. DEECKE, W. Zur Entstehung der Kare. Reichsmark 0.80
10. ROESER, E. Neue Sätze über sphärische und hyperbolische Fünfecke. Reichsmark 1.—
11. BALDUS, R. Über Eulers Dreieckssatz in der absoluten Geometrie. Rm. 1.—
12. TRAUTZ, M. Die Reibung, Wärmeleitung und Diffusion in Gasmischungen. II. Reichsmark 2.80
13. SANDER, B., u. FELKEL, E. Zur tektonischen Analyse von Schmelztektoniten. Reichsmark 2.50
14. SCHOLZ, ARNOLD. Beiträge zur Algebra. Nr. 14. Reichsmark 1.20
15. BAER, REINHOLD. Beziehungen zwischen den Grundbegriffen der Topologie. Reichsmark 1.60
16. HERBST, CURT. Untersuchungen zur Bestimmung des Geschlechts. Weitere Experimente über die Vermännlichung indifferenter Bonellia-Larven durch künstliche Mittel. Reichsmark 3.—
17. ERDMANNSDÖRFFER, O. H. Über Alkalihornblenden aus dem Radautal. Reichsmark 0.80
18. GRUBER, FRIEDRICH. Neuer Beweis des Transversalensatzes in der absoluten Geometrie. Reichsmark 0.80
19. ROSENTHAL, A. Über die Existenz der Lösungen von Systemen gewöhnlicher Differentialgleichungen. Reichsmark 1.20

**Jahrgang 1930.** 1. GOTTFRIED, C. Über kontaktmetamorphe Gesteine des Baitonegebietes in der Adamellogruppe (Italien). Reichsmark 1.—
2. RÜGER, L. Über einen Granulit mit „Sekundärschieferung" von Auerswalde i. S. Reichsmark 1.50
3. Beiträge zur Algebra Nr. 15—17: a) KAPFERER, HEINR. Über Schnittpunktsysteme mit vorgeschriebenen Multiplizitätszahlen. b) KAPFERER, HEINR. Eine idealtheoretische Lösung des Cramerschen Paradoxons, die jeden singularen Fall umfaßt. c) SCHOLZ, ARNOLD. Über das Verhältnis von Idealklassen und Einheitengruppen in Abelschen Körpern von Primzahlpotenzgrad. Reichsmark 3.20
4. KINZL, HANS. Flußgeschichtliche und geomorphologische Untersuchungen über die Feldaistsenke im oberösterreichischen Mühlviertel und die angrenzenden Teile Südböhmens. Reichsmark 3.20
5. BALDUS, RICHARD. Zur Axiomatik der Geometrie III. Über das Archimedische und das Cantorsche Axiom. Reichsmark 0.80
6. SALOMON-CALVI, WILHELM. Epeirophorese. Teil I. Reichsmark 1.40
7. WELLSTEIN, JULIUS. Zur Klassifikation der regulären Scharen quadratischer Formen. Reichsmark 1.—
8. BETTMANN. Über Modellierungen des Gefäßendabschnittes. Reichsmark 2. —
9. ROESER, ERNST. Sphärische und hyperbolische Vielecke. Reichsmark 1.65
10. KAUFMANN, BORIS. Über die Ränderzuordnung bei topologischen Abbildungen in der Ebene und im Raume. Reichsmark 1.65
11. SCHEFFEN, WALTHER. Pseudopemphix Fritschii Wüst, Lithogaster tiefenbachensis Assm. und Pemphix Sueurii Desm. Reichsmark 3.20
12. VOELCKER, ILSE. Felis issiodorensis Croizet von Mauer a. d. E. Rm. 1.40
13. SALOMON-CALVI, WILHELM. Epeirophorese. Teil II. Geodätische Beweise. Reichsmark 1.—
14. FREUDENBERG, KARL. Kritik an der Berechnung des optischen Drehungsvermögens von Zuckern. Reichsmark 1.—
15. JÄNECKE, ERNST. Über das reguläre vierdimensionale Fünfzell. Rm. 3.—
16. BOEHM, KARL. Über lineare Differentialgleichungen mit konstanten Koeffizienten und einer Störungsfunktion. Reichsmark 1.80
17. KAMKE, E. Über die eindeutige Bestimmtheit der Integrale von Differentialgleichungen II. Reichsmark 1.70

WALTER DE GRUYTER & CO., BERLIN W 10 UND LEIPZIG

FSC
www.fsc.org
MIX
Papier | Fördert
gute Waldnutzung
FSC® C083411

Zeitfracht Medien GmbH
Ferdinand-Jühlke-Straße 7
99095 Erfurt, Deutschland
produktsicherheit@kolibri360.de